BEI GRIN MACHT SICH IHR WISSEN BEZAHLT

- Wir veröffentlichen Ihre Hausarbeit, Bachelor- und Masterarbeit

- Ihr eigenes eBook und Buch - weltweit in allen wichtigen Shops

- Verdienen Sie an jedem Verkauf

Jetzt bei www.GRIN.com hochladen und kostenlos publizieren

Bibliografische Information der Deutschen Nationalbibliothek:

Die Deutsche Bibliothek verzeichnet diese Publikation in der Deutschen National-
bibliografie; detaillierte bibliografische Daten sind im Internet über http://dnb.d-
nb.de/ abrufbar.

Dieses Werk sowie alle darin enthaltenen einzelnen Beiträge und Abbildungen
sind urheberrechtlich geschützt. Jede Verwertung, die nicht ausdrücklich vom
Urheberrechtsschutz zugelassen ist, bedarf der vorherigen Zustimmung des Verla-
ges. Das gilt insbesondere für Vervielfältigungen, Bearbeitungen, Übersetzungen,
Mikroverfilmungen, Auswertungen durch Datenbanken und für die Einspeicherung
und Verarbeitung in elektronische Systeme. Alle Rechte, auch die des auszugsweisen
Nachdrucks, der fotomechanischen Wiedergabe (einschließlich Mikrokopie) sowie
der Auswertung durch Datenbanken oder ähnliche Einrichtungen, vorbehalten.

Impressum:

Copyright © 2018 GRIN Verlag
Druck und Bindung: Books on Demand GmbH, Norderstedt Germany
ISBN: 9783668701939

Dieses Buch bei GRIN:

https://www.grin.com/document/419693

Nora Schrader

Enzymatik. Eine Studienreise mit Alkoholexzess (Biologie Klasse 11, Gymnasium)

Möglichkeiten und Problematiken der kompetitiven Enzymhemmung bei einer Methanolvergiftung

GRIN Verlag

GRIN - Your knowledge has value

Der GRIN Verlag publiziert seit 1998 wissenschaftliche Arbeiten von Studenten, Hochschullehrern und anderen Akademikern als eBook und gedrucktes Buch. Die Verlagswebsite www.grin.com ist die ideale Plattform zur Veröffentlichung von Hausarbeiten, Abschlussarbeiten, wissenschaftlichen Aufsätzen, Dissertationen und Fachbüchern.

Besuchen Sie uns im Internet:

http://www.grin.com/

http://www.facebook.com/grincom

http://www.twitter.com/grin_com

Thema des Lernvorhabens:	**Enzymatik**
Überthema der Unterrichtseinheit:	**Enzyme – Katalysatoren des Stoffwechsels**
Thema der Doppelstunde:	**Eine Studienreise mit Alkoholexzess – Welche Möglichkeiten und Problematiken bestehen in Bezug auf die kompetitive Enzymhemmung am Beispiel der Methanolvergiftung (in Deutschland)?**

1. Angaben zur Lerngruppe

Die ausgewählte Lerngruppe umfasst 22 Schülerinnen und Schüler (15 w, 7 m) der Klasse 11. Ich unterrichte den Kurs seit Beginn des Schulhalbjahres 2017/18 wöchentlich eine Doppelstunde lang. Im Allgemeinen zeigt sich die Lerngruppe freundlich, aufgeschlossen und insbesondere an handlungsorientierten Unterrichteinheiten interessiert.

Wenigen Lernenden fällt der Umgang mit Aufgabensettings, bei denen analytisches Denken erforderlich ist, per se leicht. Sie bereichern den Unterricht durch viele produktive Beiträge. Die meisten Lernenden benötigten gerade beim unmittelbaren Übergang in die Vorstufe im Unterrichtsfach Biologie vermehrt Unterstützung im Umgang mit Fachbegriffen, -texten, -präsentationen sowie praktischen naturwissenschaftlichen Arbeitsweisen. Um jeden der Schülerinnen und Schüler die erfolgreiche Arbeit an den Lerngegenständen zu ermöglichen, wird der Unterricht strukturiert, schüleraktivierend und mit Differenzierungsmöglichkeiten ausgerichtet. Besonders geeignet sind handlungsorientierte, verbindliche Lernszenarien mit einem Lebensweltbezug. Die Schülerinnen und Schüler haben Freude daran, sich zu erproben, arbeiten konzentriert in Teams und können die Unterrichtsinhalte so besser verinnerlichen. Durch eine adäquate Handlungsritualisierung (z.B. wiederkehrendes methodisches Vorgehen mit unterschiedlichen Inhalten) gewinnen die Lernenden zunehmend an Sicherheit. In den letzten Einheiten zeigten die Lernenden bereits einen souveränen Umgang mit den unterschiedlichen naturwissenschaftlichen Kompetenzbereichen, so dass Unterstützungsangebote seitens der

Lehrperson reduziert, letztere oftmals als Lernbegleitung fungiert und das Anforderungsniveau insgesamt erhöht werden konnte.

Letztendlich liegt der Fokus des Unterrichtsgeschehens auf einer konstruktiven Lernatmosphäre. Basierend auf diesen Aspekten wird die folgende Hospitationsstunde ausgerichtet.

2. Thema der Unterrichtseinheit und der Stunde

Die aktuelle Unterrichtseinheit befasst sich mit dem Thema *Enzymatik*. Thema der Unterrichtsstunde ist die problemorientierte Herangehensweise an *Eine Studienreise mit Alkoholexzess – Welche Möglichkeiten und Problematiken bestehen in Bezug auf die kompetitive Enzymhemmung am Beispiel der Methanolvergiftung (in Deutschland)?*, die auf Grundlage des Fachwissens der Schülerinnen und Schüler in einer quasi-authentischen kommunikativen Situation diskutiert und beurteilt wird.

3. Einbettung der Stunde in die Gesamtplanung

Die Hospitationsstunde ist Bestandteil der Unterrichtseinheit *Enzymatik*. Im Rahmen dieses Lernvorhabens können die Schülerinnen und Schüler bereits Aufbau und Funktionen von Proteinen und Enzymen beschreiben. Zudem erläutern sie Enzyme als substrat- und wirkungsspezifische Biokatalysatoren und erklären verschiedene Arten von Enzymhemmungen (Kompetenzbereiche Fachwissen und Kommunikation). Basierend auf der thematischen Vorbereitung sollen die Schülerinnen und Schüler in der Hospitationsstunde auf der Grundlage ihres Fachwissens zwei Möglichkeiten der kompetitiven Hemmung am Beispiel der Methanolvergiftung beschreiben und erklären sowie Möglichkeiten und Problematiken bewerten / diskutieren (Kompetenzbereiche Fachwissen, Kommunikation und Bewertung). In den folgenden Unterrichtseinheiten planen die Lernenden Experimente zum Einfluss unterschiedlicher Parameter auf die Enzymaktivität, führen diese durch und analysieren die Resultate (Kompetenzbereich Erkenntnisgewinnung).

4. Schwerpunktlernziele der Doppelstunde

<u>Kompetenzbereich Fachwissen (Anforderungsbereich II)</u>

- Die Schülerinnen und Schüler können die Gabe von Ethanol / Fomepizol bei einer Methanolvergiftung der kompetitiven Enzymhemmung begründet zuordnen, indem sie die Abbildungen / die Informationen der Wirkungsweise auswerten.

<u>Kompetenzbereich Kommunikation (Anforderungsbereich II/III)</u>

- Die Schülerinnen und Schüler präsentieren und tauschen ihre zuvor herausgearbeiteten Argumente in der Diskussion aus.

<u>Kompetenzbereich Bewertung (Anforderungsbereich III)</u>

- Die Schülerinnen und Schüler diskutieren und beurteilen Möglichkeiten und Problematiken in Bezug auf die kompetitive Enzymhemmung am Beispiel der Methanolvergiftung.

5. Begründung der didaktischen Entscheidungen

5.1 Sachanalytische Hinweise

Im Bereich der Stoffwechselregulation werden zwei Arten der reversiblen Hemmung differenziert: Die allosterische sowie die kompetitive Enzymhemmung. Letztere steht im Fokus der Hospitationsstunde. Bei dieser Form ähnelt der Inhibitor (Hemmstoff) dem eigentlichen Substrat und konkurriert mit diesem um das aktive Zentrum des Enzyms. Ist ein Inhibitor mit einer höheren Konzentration als das natürliche Substrat am aktiven Zentrum gebunden, kann kein Produkt entstehen beziehungsweise das Substrat nicht umgesetzt werden.

Ein Lebensweltbezug zur kompetitiven Hemmung kann beispielsweise mit einer Methanolvergiftung hergestellt werden: Deutsche Schülerinnen und Schüler erlitten auf Studienreisen ins Ausland in den vergangenen Jahren bei Alkoholexzessen zum Teil Vergiftungserscheinungen mit Todesfolgen. Bei einer Methanolvergiftung können unter anderem Ethanol oder Fomepizol als kompetitive Hemmstoffe der Alkoholdehydrogenase (ADH) intravenös verabreicht werden. Bei Gabe von Ethanol muss der Wert bei 0,5 bis ungefähr einer Promille gehalten sowie engmaschig überwacht werden, um beispielsweise Leberschäden zu vermeiden. Die Affinität von Fomepizol zur ADH ist *in vitro* rund 8000 Mal und *in vivo* 500 bis 1000 Mal höher im Vergleich zu Ethanol. Deshalb kann hier die kompetitive Hemmung bei erheblich niedrigeren Konzentrationen erfolgen. Dieses Vorgehen wird in den USA präferiert. In Deutschland dagegen ist Fomepizol formal bislang nur zur Behandlung einer Ethylenglycol-Intoxikation zugelassen.[1]

Ausgehend von dem Vorwissen der Lernenden werden diese die gewählte Leitfrage diskutieren und die gegebene Problematik beurteilen. Die Schülerinnen und Schüler erhalten innerhalb der Kleingruppen eine Rollenzuweisung und lernen so in einer quasi-authentischen Kommunikation sich in andere Personen hineinzuversetzen sowie zum Abschluss eine eigene Meinungsbildung vorzunehmen. Innerhalb der unterschiedlichen Arbeitsschritte aktivieren, erweitern und überdenken die Lernenden ihr Wissen.

5.2 Didaktische Entscheidungen

Die Auswahl des Unterrichtsinhalts in der gezeigten Stunde lässt sich zunächst mit den Vorgaben des Hamburger Rahmenplans / Bildungsplans (2014) begründen. Dieser sieht als Inhalte für den Übergang in die Studienstufe strukturierte Basiskonzepte vor. Zu letzteren zählen

---

[1] Vgl. Brent, J., et al. (2001)

Eigenschaften des Organismus wie zum Beispiel der Stoffwechsel sowie die „Steuerung und Regelung" (...) und der „Austausch und Verarbeitung von Informationen" (ebd., S. 35).

Die Fachbereiche Kommunikation und Bewertung können nicht „inhaltsleer" gestaltet werden. Hierfür ist eine fachliche, das heißt, inhaltliche Grundlage relevant. Folglich klären die Lernenden bevor sie in die Diskussion übergehen Sachverhalte (hier: die kompetitive Enzymhemmung am Beispiel der Methanolvergiftung) und erkennen eventuelle Problematiken. Des Weiteren üben die Lernenden „die Fähigkeit zum systematischen, zielgerichteten Lernen sowie die Nutzung von Strategien (...) zur Darstellung von Informationen", indem sie die vorgegebenen Materialien für die anschließende Diskussion aufbereiten (ebd., S. 30).

Im Allgemeinen unterliegt Stadtteilschulen die Aufgabe, fachliche und überfachliche Kompetenzen der Schülerinnen und Schüler entsprechend ihrer jeweiligen Lernvoraussetzungen in einem produktiven Lernmilieu zu fördern.

Im Bereich Selbstkonzept und Motivation umfasst dies unter anderem die Meinungsbildung sowie die Einnahme unterschiedlicher Perspektiven im Rahmen der Auseinandersetzung mit unterschiedlichen Problematiken. Ferner heißt es im Bildungsplan: „Zu dieser Fähigkeit des Perspektivenwechsels gehört auch, sich in die Rolle eines anderen Menschen einzufühlen und Verständnis dafür zu entwickeln, dass jemand anders denkt und sich daher anders entscheidet als man selbst" (ebd.).

Die Idee der Unterrichtseinheit basiert auf einer problemorientierten, quasi-authentischen Kommunikationssituation, die aus Sicht der Lernenden wie folgt skizziert werden kann: Ich bin als Fachvertreter Teil eines Diskurses zum Thema ***Welche Möglichkeiten und Problematiken bestehen in Bezug auf die kompetitive Enzymhemmung am Beispiel der Methanolvergiftung?*** Eine Angehörige einer betroffenen Schülerin möchte sich unterschiedliche Expertenmeinungen anhören, um der Behandlung ihrer Tochter begründet zuzustimmen. In meiner Rolle trage ich zur Entscheidungsfindung der Angehörigen bei und kann in Zukunft situativ bedingt und kontextbezogen Informationen herausfiltern sowie bewerten. Infolge der Partizipation in den Rollenzuweisungen innerhalb der Gruppen sollen neben einem

Perspektivenwechsel das Toleranzbewusstsein und die eigene Urteilsbildung gestärkt werden.

Die Anforderungshöhe der Stunde ist so variabel, dass die Stundenziele von jedem der Schülerinnen und Schüler entsprechend der individuellen Leistungsniveaus erreicht werden können. Leistungsstärkere Lernende können sich in freierem und differenzierterem Urteilen versuchen, während schwächere Teilnehmende sich an ihre Notizen und die vorab gegebenen Hilfsinformationen anlehnen können. Jeder kann somit nach seinem individuellen Bedarf das Diskussionsthema angehen und reflektieren. Zur didaktischen Reduktion wurde die Lehr-Lernsituation intensiv und verständlich mithilfe der Vorstunden aufbereitet und nicht alle fachlichen (chemischen) Themeninhalte sowie Argumente und Personengruppen, die an einer schlussendlichen Entscheidung der Diskussionsfrage teilhaben könnten, berücksichtigt.

6. Begründung der Methoden- und Medienauswahl

Im Stundenverlauf werden unterschiedliche Sozialformen kombiniert wie beispielsweise die Lehrkraft-Schülerinnen und Schüler-Interaktion, Partnerarbeit und die Diskussion in der Gruppe.

Zur Öffnung des subjektiven Konzepts erfolgt am Stundenanfang eine individuelle Auseinandersetzung mit einem problemorientierten Rätsel, um jeden der Lernenden zu aktivieren und vor allem für die folgende Arbeitsphase zu motivieren.

Die Schülerinnen und Schüler stellen begründete Überlegungen an, wie Alltags- (hier: Lara liegt im Koma) und biologische Phänomene (hier: Ethanol und Fomepizol -> kompetitive Enzymhemmung) zusammenhängen und gehen diesen Vermutungen in der Arbeitsphase nach. Der Einsatz des Arbeitsblattes für das Teampuzzle ist relevant, damit die Lernenden die Vorgänge der kompetitiven Hemmung für die anschließende Diskussion erfassen, einem Partner verständlich erklären können und somit letztendlich über eine gemeinsame fachliche Basis verfügen. Bei diesen Arbeitsschritten müssen die relevanten Informationen herausgefiltert und in Beziehung gesetzt werden, was eine intensive Auseinandersetzung mit dem Lerngegenstand erfordert.

Das vorhandene Wissen wird in der Aufbereitung der Rollenkarten vertieft angewandt. Hier steht es den Lernenden je nach Lernpräferenz frei, selbstständig oder in Kleingruppen zu arbeiten. Demzufolge kann jeder die Arbeitsphase basierend auf den individuellen Fähigkeiten oder kooperativ durchlaufen.

Die Sozialform einer Kleingruppenarbeit in der Diskussion bietet sich bei einer Lerngruppe mit einer Größe von 24 Schülerinnen und Schülern an, weil so die Aktivierung der einzelnen Gruppenmitglieder höher ist. Da jeder der Lernenden eine bestimmte Rolle einnimmt, die in dem Diskurs unentbehrlich ist, wird eine hohe Verbindlichkeit geschaffen. Die Schülerinnen und Schüler profitieren im Rahmen des Austausches von ihren jeweiligen Fertigkeiten und Fähigkeiten. Diskussionsregeln und -erwartungen werden zu Beginn der Debatte vorgestellt, damit ein verbindlicher Rahmen und eine Transparenz der Erwartungen bestehen.

Die gewählte Methode fördert nicht nur die Teamkompetenz, sondern erfordert ebenfalls eine handlungsorientierte und intensive Auseinandersetzung mit dem Lerngegenstand. Es ist ein multiperspektivisches problemorientiertes Phänomen mit einem Lebensweltbezug ausgewählt worden. Die zu diskutierende Frage bedarf einer intensiven Bearbeitung und Beantwortung unter Berücksichtigung unterschiedlicher Aspekte. Da nicht alle Gruppen die Diskussion gleichzeitig beenden, wird ein Vertiefungsauftrag in Form von weiterführenden Fragen bereitgestellt. Um außerhalb der Rolleneinnahme ein individuelles Urteil zu ermöglichen, notiert sich jeder der Lernenden drei Argumente, die im Hinblick auf die Möglichkeiten und / oder Problematiken zur kompetitiven Hemmung am Beispiel einer Methanolvergiftung als ausschlaggebend eingestuft wurden. Zuletzt wird die Diskussion im Plenum vertieft, so dass die in den Gruppen gebliebenen Positionen für alle ersichtlich sind, Fragen geklärt und auch der Wert der Aussagen thematisiert werden kann.

Dementsprechend gehen die einzelnen Arbeitsphasen ineinander über, was eine Aktivierung, Erweiterung und Vertiefung der Fähigkeiten und Fertigkeiten der Lernenden impliziert.

7. Verlaufsplanung (in tabellarischer Form)

Zeit	Phase (im Lernprozess)	Arbeitsform	Lehreraktivitäten	Schüleraktivitäten	Materialien
12:00	**Begrüßung – Organisatorisches** Vorstellung des Themas und des Ablaufs	L-S-S-I	L begrüßt die SuS	- zuhören - stellen den Ablaufplan vor	Tafel / Plakat mit Ablaufplan
12:03	**Thematischer Einstieg** Öffnung des subjektiven Konzepts (Lebensweltbezug) Motivation des Vorhabens im Unterricht	D-A-B Plenum	- Moderation - L zeigt eine rätselhafte Aussage und eine Grafik *„Assoziieren Sie Begriffe und formulieren Sie eine Hypothese".* - L notiert mögliche Hypothesen -L leitet zum Unterrichtsbezug über *„Formulieren Sie eine mögliche Herangehensweise im Unterricht (...) Formulieren*	- SuS überlegen, tauschen sich aus und berichten. -SuS formulieren und nennen die Herangehensweise im Unterricht sowie eine Leitfrage	OHP; M1

			Sie eine Leitfrage."		
12:10	**Erarbeitung I** Partnerpuzzle zur kompetitiven Hemmung von Methanol	EA / PA	- Anmoderation (erklärt verbindlichen Arbeitsauftrag, fordert zum Arbeiten auf) - steht lernbegleitend zur Seite; interveniert ggfs.	- bearbeiten das Partnerpuzzle	OHP; M2
12:25	**Zwischensicherung**	Plenum	- Moderation	-nennen Ideen	
12:35	**Hinführung zur** **Diskussion**	PA/KGA	- Anmoderation (erklärt verbindlichen Arbeitsauftrag, fordert zum Arbeiten auf) - steht lernbegleitend zur Seite; interveniert ggfs.	- Bearbeitung der Rollenkarten	M3
12:50	**Erarbeitung II** **Diskussion**	GA	-Anmoderation - steht lernbegleitend zur Seite; interveniert ggfs.	-diskutieren in Kleingruppen -partizipieren aktiv	M3, M4

| 13:10 | **Auswertung und Vertiefung** | UG | -Moderation

Mögliche L-Impulse: „Bewerten Sie die Erkenntnisse aus der Diskussion im Hinblick auf die Möglichkeiten und Problematiken zur Behandlung einer Methanolvergiftung (…) Begründen Sie, ob Fomepizol auch in Deutschland zur Behandlung einer Methanolvergiftung zugelassen werden sollte (….) Beschreiben Sie den Wert Ihrer Aussagen." | | M5 |
| 13:28 | **Ausblick und Verabschiedung** | L-Beitrag | L-Impuls: „Hier knüpfen wir in der folgenden Unterrichtseinheit an: Im Hinblick auf die Beeinflussung unterschiedlicher Parameter auf die Enzymaktivität planen und führen Sie Experimente durch." | | |

<u>Didaktische Reserve (situationsabhängig je nach Stundenverlauf mehrere Varianten vorstellbar):</u>

„Beschreiben Sie präventive Möglichkeiten für einen Schutz vor Methanolvergiftungen. Bewerten Sie die Gefahr von gepanschtem Alkohol in Deutschland."

<u>oder</u>

Methodische Reflexion

„Nennen Sie Aspekte, die heute während der Diskussion gut funktioniert haben".

„Nennen Sie spezifische Aspekte, die Sie in den nächsten Einheiten optimieren müssen".

8. Literatur

Brent, J., et al.: Fomepizole for the treatment of methanol poisoning. N. Engl. J. Med. 344, 424 - 429 (2001).

DaZ (2001). *Toxikologie: Fomepizol gegen Methanolvergiftung.* https://www.deutsche-apotheker-zeitung.de/daz-az/2001/daz-37-2001/uid-1429

Freie und Hansestadt Hamburg, Behörde für Bildung und Sport (Hrsg.): *Bildungsplan Stadtteilschule Biologie Klassenstufen 7-11* 2014.

Kraut, Jeffrey A., Kurtz, Ira: *Toxic Alcohol Ingestions: Clinical Features, Diagnosis, and Management.* In: *Clin J Am Soc Nephrol.* Nr. 3, 2008, S. 208–225

9. Anhang

- **M1: Folie mit rätselhafter Aussage zum Einstieg**

- **M2: Partnerpuzzle – kompetitive Enzymhemmung am Bsp. der Methanolvergiftung durch Ethanol / Fomepizol (AB)**

- **M3: Rollenkarten (AB / OHP)**

- **M4: Diskussionsregeln und Formulierungshilfen (AB / OHP)**

- **M5: Vertiefungsauftrag nach der Diskussion (OHP)**

- **M6: geplantes Tafelbild**

<table>
<tr><td rowspan="2"></td><td>Name:</td><td>Biologie Jg. 11</td><td rowspan="2">Seite</td></tr>
<tr><td>Datum:</td><td>**Enzyme – Katalysatoren des Stoffwechsels**</td></tr>
</table>

Folie mit rätselhafter Aussage zum Einstieg

Methanolkonsum auf der Studienreise am Schwarzen Meer –

Lara liegt im Koma. Da Paul Ethanol und David Fomepizol bekommen hat, geht es ihnen gut.

Informationen: vgl. Kraut, Jeffrey A., Kurtz, Ira (2008); DaZ (2001)

Oh je - Die Informationen sind durcheinander geraten und nur noch bruchstückhaft vorhanden.

1a. Sichten Sie die Teilinformationen und erklären Sie darauf basierend eine mögliche Art der Enzymhemmung bei einer Methanolvergiftung.

1b. Beschreiben Sie ihrem Partner die Erkenntnisse.

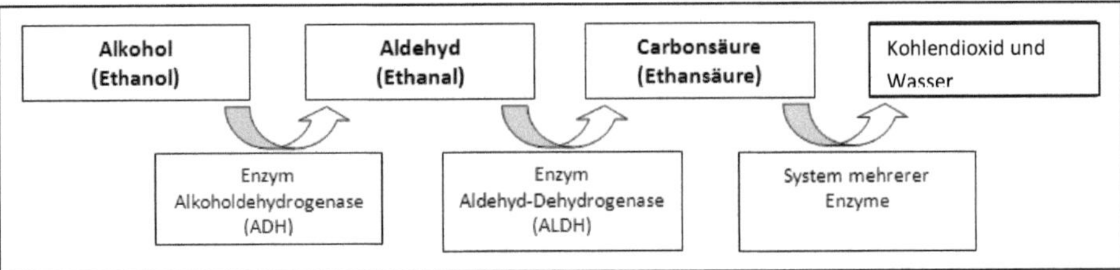

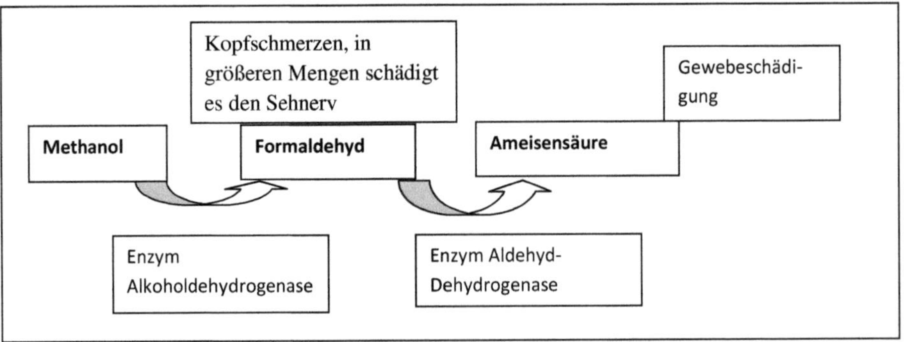

5 bis 8 g Methanol sind für einen erwachsenen Menschen gesundheitsgefährdend; die zehnfache Menge führt zum Tod.

Der typische Methanolgeruch wird in vielen Spirituosen überlagert und daher nicht erkannt.

Da Methanol eine geringere Affinität für die Alkoholdehydrogenase als Ethanol hat, treten die Oxidation zu Formaldehyd und Ameisensäure und somit die Symptome oftmals erst nach Stunden ein. Betroffene haben dann oftmals schon große Mengen an Alkohol konsumiert.

Ethanol bindet an die Alkoholdehydrogenase acht tausend Mal besser als Methanol und kann daher zur Behandlung einer Methanolvergiftung verwandt werden.

Informationen: vgl. Kraut, Jeffrey A., Kurtz, Ira (2008); DaZ (2001)

Oh je - Die Informationen sind durcheinander geraten und nur noch bruchstückhaft vorhanden.

1a. Sichten Sie die Teilinformationen und erklären Sie darauf basierend eine mögliche Art der Enzymhemmung bei einer Methanolvergiftung.

1b. Beschreiben Sie ihrem Partner die Erkenntnisse.

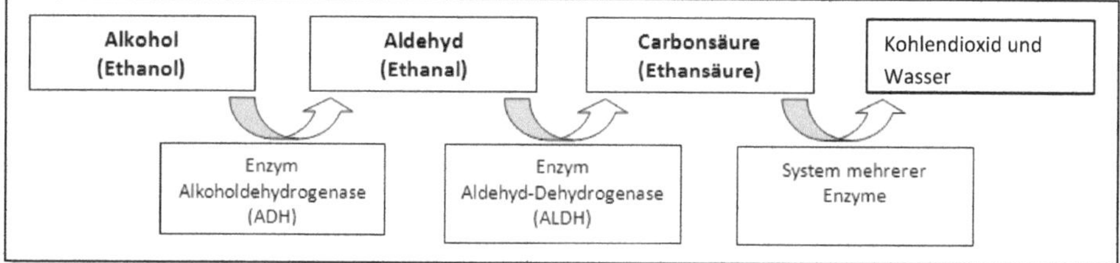

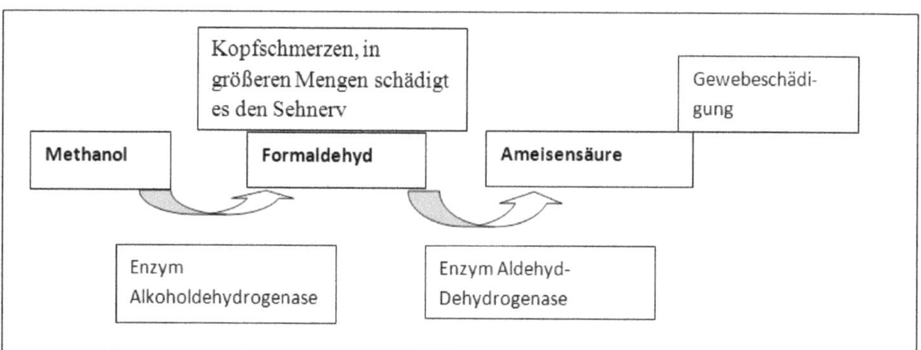

Bei der Herstellung von Spirituosen werden u.a. Kartoffeln verwendet, die Pektin enthalten. Bei der alkoholischen Vergärung können 10 bis 20 Prozent Methanol bezogen auf die Alkoholmenge entstehen. Wird bei der Destillation Methanol (Siedepunkt Methanol 65 °C, Ethanol 78 °C) nicht abgetrennt, kommt es zu schweren Vergiftungen mit Todesfolgen.

Fomepizol ist ein sogenannter Inhibitor (Hemmstoff) der Alkoholdehydrogenase. Die Affinität von Fomepizol zur Alkoholdehydrogenase ist im Vergleich zu Ethanol etwa 500 bis 1000-mal höher. Daher kann die Alkoholdehydrogenase durch Fomepizol bei erheblich niedrigeren Konzentrationen komplett gehemmt werden.

Informationen: vgl. Kraut, Jeffrey A., Kurtz, Ira (2008); DaZ (2001)

Rollenkarte Pharmazeut

1. Bereiten Sie für die Diskussion die Erklärung der Behandlungsweise einer Methanolvergiftung mit Fomepizol vor, die Sie persönlich befürworten.

Berücksichtigen Sie die unterschiedlichen Aspekte.

Fomepizol: Inhibitor der Alkoholdehydrogenase, hohe Affinität, bindet rund 500 bis 1000 Mal besser als Ethanol -> Wirksamkeit bereits bei geringen Serum-Konzentrationen mit minimalen Nebenwirkungen (s. AB)

Erprobung: in Tierversuchen und klinischen Studien (9 von 11 Patienten konnte geholfen werden); Einsatz weltweit in einigen Ländern erfolgreich

Anwendungsmöglichkeiten: bei Methanolvergiftung intravenöse Verabreichung und regelmäßige Kontrolle der Plasmakonzentration der Ameisensäure; keine Behandlung auf der Intensivstation erforderlich

Erfolg des Wirkungsnachweises: Erhalt der Sehschärfe, die Hemmung der Ameisensäurebildung sowie das Auftreten eventueller Spätschäden; wenige Nebenwirkungen

Zulassung: nicht weltweit verfügbar; u.a. zugelassen bei einer Methanolvergiftung in den USA -> wird gegenüber Ethanol präferiert; in Deutschland formal nur zur Behandlung einer Ethylenglycol-Intoxikation (z.B. durch Frostschutzmittel hervorgerufen) zugelassen

Preis: 945 Euro für 5 x 20 ml

Informationen: vgl. Kraut, Jeffrey A., Kurtz, Ira (2008); DaZ (2001)

<table>
<tr><td rowspan="2"></td><td>Name:</td><td>Biologie Jg. 11</td><td rowspan="2">Seite</td></tr>
<tr><td>Datum:</td><td>Enzyme – Katalysatoren des Stoffwechsels</td></tr>
</table>

Rollenkarte Naturwissenschaftler

1. Bereiten Sie für die Diskussion die Erklärung des Ethanol- und Methanolabbaus sowie die kompetitive Hemmung von Ethanol am Beispiel der Methanolvergiftung vor. Sie befürworten den Einsatz von Ethanol bei einem entsprechenden Krankheitsbild.

Berücksichtigen Sie die unterschiedlichen Aspekte.

Ethanol und Methanolabbau (s. AB Partnerpuzzle)

Behandlung mit Ethanol: intravenös (nicht immer verfügbar), Konzentration unter / bei einer Promille muss gehalten werden; engmaschige Kontrolle u.a. zur Vermeidung von Leberschäden; klinische Studien liegen nicht vor, Erfolg bezieht sich auf Einzelfallberichte

Symptome einer Methanolvergiftung: gastrointestinale Beschwerden, Schwindel, Kopfschmerzen, Übelkeit, Erbrechen, Sehstörungen, Übersäuerung des Blutes, Erliegen der Stoffwechselprozesse -> Tod

Kompetitive Hemmung (s. AB aus den Vorstunden)

Informationen: vgl. Kraut, Jeffrey A., Kurtz, Ira (2008); DaZ (2001)

Rollenkarte Moderator / Angehöriger

Sie möchten für Ihre Tochter Lara, <u>die eine leichte Leberschädigung hat,</u> nur das Beste. Trotzdem sind Sie sich der Problematik bislang nicht bewusst:

(M)ethanol – Das ist doch das gleiche, meine Tochter Lara erholt sich schon wieder.

Der Arzt weist Sie darauf hin, dass Sie sich für eine Behandlung entscheiden müssen. Somit lassen Sie sich in einem informativen Austausch mit dem Arzt, einem Naturwissenschaftler und einem Pharmazeuten alles über die Methanolvergiftung erklären.

Am Ende müssen Sie sich für eine Behandlung begründet entscheiden.

1. Sie moderieren die Diskussion (15 min).

-> Vorstellung der Gesprächspartner

-> Stellung von Fragen (z.B.)

- Was hat mein Kind? Muss es behandelt werden?

- Wie ist die Wirkungsweise von Ethanol / Methanol?

- Welche Rolle spielt hierbei die kompetitive Hemmung?

- Welche Behandlungsmöglichkeiten gibt es?

- Welche Möglichkeiten bieten die Behandlungen?

- Welche Behandlung ist verfügbar?

- Welche Behandlung ist die bestmögliche für meine Tochter? Wie erhalte ich diese?

....

-> Beenden Sie die Diskussion zwei Minuten vorher. Lassen Sie jeden der Teilnehmenden ein Abschlussstatement verfassen.

-> Entscheiden Sie sich begründet für eine Behandlung.

-> Vertiefungsauftrag: Diskutieren Sie, wie realistisch das gewählte Szenario ist. Begründen Sie die Notwendigkeit einer Einführung von Fomepizol zur Behandlung bei einer Methanolvergiftung in Deutschland.

<table>
<tr><td>Name:</td><td>Biologie Jg. 11</td><td rowspan="2">Seite</td></tr>
<tr><td>Datum:</td><td>Enzyme – Katalysatoren des Stoffwechsels</td></tr>
</table>

Rollenkarte Arzt

1. Bereiten Sie für die Diskussion die Erklärung der zur Verfügung stehenden Behandlungsweisen vor.

Berücksichtigen Sie die unterschiedlichen Aspekte.

Patientin: Lara L.; Vorgeschichte: leichte Leberschädigung; aktuell: komatös aufgrund einer Methanolvergiftung

Generelle Notwendigkeit einer Behandlung bei einer ausgeprägten Methanolvergiftung: Formaldehyd koppelt sich an Enzyme, DNA-Materialien oder Proteine -> Schädigung von Organen

Ameisensäure -> Blockierung der Zellatmung; Übersäuerung des Blutes (Azidose); Erliegen von Stoffwechselprozessen -> Tod

Behandlung mit Ethanol: intravenös (nicht immer verfügbar), Konzentration unter / bei einer Promille muss gehalten werden, was sich als schwierig erweist; engmaschige Kontrolle u.a. zur Vermeidung von Leberschäden (90 Prozent des Alkohols wird in der Leber abgebaut); Dauer der Gabe bis zu mehreren Tagen; klinische Studien liegen nicht vor, Erfolg bezieht sich auf Einzelfallberichte (2011 wurden in Deutschland 21 Behandlungen durchgeführt); Kostenübernahme durch die Krankenkasse

Behandlung mit Fomepizol: intravenös, in Deutschland formal nur zur Behandlung einer Ethylenglycol-Intoxikation (z.B. durch Frostschutzmittel hervorgerufen) zugelassen; sichere Dosierung; Wirkungsweise und Nebenwirkungen besser als bei Ethanol (höhere Affinität zur Alkoholdehydrogenase), sichere Dosierung, in den USA gegenüber Ethanol präferiert; im Krankenhaus, in dem Sie als Arzt tätig sind, verfügbar zur Behandlung einer Ethylenglycol-Intoxikation

Hinweis: Fomepizol und Ethanol können <u>nicht</u> in Kombination verabreicht werden

Informationen: vgl. Kraut, Jeffrey A., Kurtz, Ira (2008); DaZ (2001)

Diskussionsregeln:

1. Die Diskussionsteilnehmenden kommen abwechselnd zu Wort.

2. Eine Person spricht zur Zeit.

3. Achten Sie auf fachlich korrekte und sachliche Beiträge.

4. Stellen Sie Ihre Aspekte verständlich und überzeugend dar.

Formulierungshilfen:

-Habe ich Sie richtig verstanden? Haben Sie gerade gesagt, dass…

-Ich schließe mich dem Aspekt an / dem möchte ich hinzufügen, dass…

-Meiner Meinung nach muss man auch bedenken, dass…

-Ich finde, Sie verallgemeinern zu sehr, wenn Sie behaupten, dass…

Informationen: vgl. Kraut, Jeffrey A., Kurtz, Ira (2008); DaZ (2001)

Vertiefungsauftrag nach der Diskussion

Sie sind alle aus Ihren Rollen „entlassen".

1a. Notieren Sie jeder drei Möglichkeiten und / oder Problematiken, die für Sie im Hinblick auf die kompetitive Enzymhemmung am Beispiel der Methanolvergiftung in Deutschland entscheidend sind.

1b. Begründen Sie, ob die Möglichkeiten oder Problematiken überwiegen und erklären Sie, welche Optionen zur Verbesserung vorstellbar sind.

Unterstützung:

- → Ich sehe die Möglichkeit / Problematik vor allem bei…
- → Für mich persönlich überwiegen die Möglichkeiten / Problematiken, weil…
- → Optionen zur Verbesserung sind…, weil…

Informationen: vgl. Kraut, Jeffrey A., Kurtz, Ira (2008); DaZ (2001)

M6

Geplantes Tafelbild

<table>
<tr><td>

1. Einstieg

-> Themenbezug, Relevanz

2. Diskussion

-> Planung

-> Durchführung

-> Vertiefung

</td><td>

-Fließschema mit Leitfrage am Ende

</td></tr>
</table>

Informationen: vgl. Kraut, Jeffrey A., Kurtz, Ira (2008); DaZ (2001)

Sitzplan

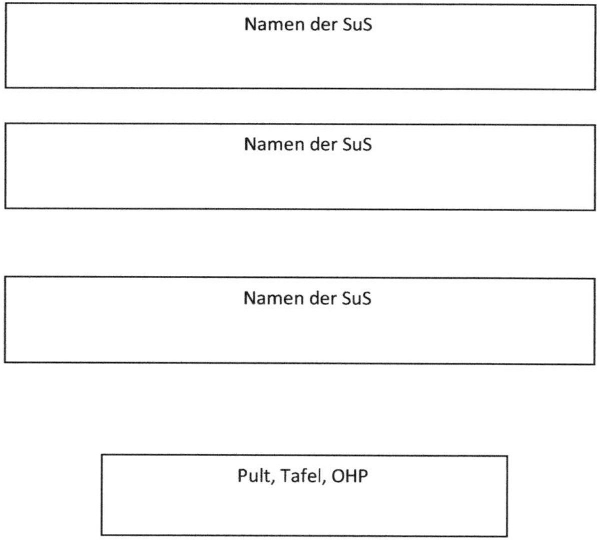

Namen der SuS

Namen der SuS

Namen der SuS

Pult, Tafel, OHP

Informationen: vgl. Kraut, Jeffrey A., Kurtz, Ira (2008); DaZ (2001)

BEI GRIN MACHT SICH IHR WISSEN BEZAHLT

- Wir veröffentlichen Ihre Hausarbeit, Bachelor- und Masterarbeit

- Ihr eigenes eBook und Buch - weltweit in allen wichtigen Shops

- Verdienen Sie an jedem Verkauf

Jetzt bei www.GRIN.com hochladen und kostenlos publizieren